AF643248

SITZUNGSBERICHTE DER DEUTSCHEN AKADEMIE
DER WISSENSCHAFTEN ZU BERLIN

Klasse für Sprachen, Literatur und Kunst
Jahrgang 1967 • Nr. 4

WALTER RUBEN

ÜBER DIE FRAGE DER OBJEKTIVITÄT IN DER ERFORSCHUNG DES ALTEN INDIEN

AKADEMIE-VERLAG • BERLIN
1968

SITZUNGSBERICHTE DER DEUTSCHEN AKADEMIE
DER WISSENSCHAFTEN ZU BERLIN

Klasse für Sprachen, Literatur und Kunst
Jahrgang 1967 • Nr. 4

WALTER RUBEN

ÜBER DIE FRAGE DER OBJEKTIVITÄT IN DER ERFORSCHUNG DES ALTEN INDIEN

AKADEMIE-VERLAG • BERLIN
1968

Vorgetragen und für die Sitzungsberichte
angenommen in der Sitzung des Plenums am 22. 9. 1966
Ausgegeben am 23. 1. 1968

Erschienen im Akademie-Verlag GmbH, 108 Berlin, Leipziger Straße 3–4
Copyright 1968 by Akademie-Verlag GmbH
Lizenznummer: 202 · 100/82/68
Herstellung: IV/2/14 VEB Werkdruck, 445 Gräfenhainichen · 2933
Bestellnummer: 2010/67/V/4 · ES 7 L · 14 F
2,50

Inhaltsverzeichnis

1. Der Staat im alten Indien und in Griechenland-Rom[1]

Als ein wesentliches Thema der altindischen Geschichte sei die Entwicklung des Staates in Nordindien in den fast zwei Jahrtausenden von etwa 1200 v. u. Z. bis 500 u. Z. in ihrer Hauptlinie und unter Andeutung ihrer Kausalität kurz skizziert und mit der analogen[2], von ihr unabhängigen und ungefähr gleichzeitigen Entwicklung in Griechenland und Rom verglichen. Es handelt sich dabei einerseits um die beiden Übergänge von der Gentilgesellschaft zum sklavenhalterischen Staat am Anfang und zum feudalen Staat am Ende dieser Zeit. Andererseits handelt es sich um den grundlegenden Unterschied, daß die indische Gesellschaft auf der „asiatischen" Produktionsweise beruht, die griechisch-römische auf der antiken.

Der Schauplatz dieser Entwicklung war zu Anfang das gewaltige Gebiet der altorientalischen Staaten des 3.–2. Jahrtausends v. u. Z. von Kreta-Mykene im Westen bis zum Panjab mit der Harappakultur im Osten. Āryas und Griechen-Römer drangen aus dem Norden um die Mitte des 2. Jahrtausends v. u. Z. etwa gleichzeitig in diese beiden, unter sich geographisch und historisch sehr verschiedenen äußersten östlichen und westlichen Randgebiete des Panjab einer-, des Mittelmeergebiets andererseits ein. In der damit beginnenden ersten Periode altindischer Geschichte bis etwa 900 v. u. Z. lebten die zerfallenden Stämme der Āryas unter sogenannten „Königen" als ihren Kriegsführern in der „militärischen Demokratie", der letzten Zerfallsform der Gentilgesellschaft vor dem Staat, militärisch insofern, als der Krieg zur regelrechten Erwerbsquelle, insbesondere bei der Landnahme im Panjab, geworden war, und demokratisch, insofern der Kriegsführer noch kein Monarch war, sondern der Stamm im wesentlichen durch zwei Versammlungen, eine wohl des Stammes bzw. Heeres und eine der Dörfer bzw. Untergruppen des Heeres, gelenkt wurde. Der Stamm war schon keine rein erhaltene gentile Gemeinschaft mehr, aber das Heer war noch ein Stammesheer aller erwachsenen Männer. Sein Führer, der sogenannte König, hätte es demgemäß nicht als Machtapparat gegen sein Volk einsetzen können. Er hatte überhaupt noch keinen Machtapparat, weder zur Verwaltung eines Gebietes noch für Gerichtsbarkeit, und auch noch keine Beamten. Er regierte eben noch keinen Staat. Der König hatte nur Boten für verschiedene Zwecke zur Verfügung, die er unterhielt, zur Sammlung freiwilliger Abgaben der Stammesmitglieder für seinen Schatz aussandte und die ihm u. a. über die Lage im Stamm berichteten. Aus dem Schatz verteilte er Geschenke an seine Gefolgschaft. Abhängig von ihm waren weiter sein Wagenlenker, seine Priester, eine Art Barden und einige Handwerker wie ein Zimmermann. Dieses Bild der Gesellschaft ergibt sich aus den damaligen Liedern des Ṛgveda.

Für Griechen und Römer fehlt ein entsprechendes authentisches Dokument. Aber die homerischen Epen, die ihre abschließende Redaktion etwas später erhalten haben, schildern mit manchem älteren Material eine analoge Gesellschaft einer militärischen Demokratie mit Heerführer-Königen ohne Machtapparat, aber mit ihren Herolden, ihrem Schatz und mit zwei Versammlungen, einer Art Senat und einer Volksversammlung bzw. im Kriege einer Heeresversammlung. Aber es gibt auch bedeutende Unterschiede: Städte wie Mykene und Troja, Seehandel, den Gebrauch von Eisen, landwirtschaftliche, schon mit einigen Sklaven betriebene Wirtschaften der Könige und Anfänge von Klassenkämpfen, wie sie Homer bezeugt, kannte man bei den noch nicht endgültig seßhaft gewordenen, noch überwiegend als Hirten lebenden Āryas im Panjab nicht.

In der 2. Periode der indischen Geschichte von etwa 900 bis 600 v. u. Z. zogen einige Āryas nicht mehr als Stämme, sondern als Gefolgschaften ihrer „Könige" weiter nach Osten ins Gangesgebiet. Sie unterwarfen die dort ansässigen Mundas, ließen sie in ihren Dorfgemeinden, diesem typischen Element der asiatischen Produktionsweise, weiterarbeiten, machten sie aber zum unfreien Stand der Śūdras. Man kann diese weitgehend mit den Heloten Spartas vergleichen und demgemäß als die indische Form der in der Produktion tätigen Sklaven charakterisieren. Damit gab es Ausgebeutete und Ausbeuter, d. h. antagonistische Klassen, und sofort kam es zur Bildung von Staaten, ist doch der Staat zu definieren als „eine Maschine zur Aufrechterhaltung der Herrschaft einer Klasse über die andere ..., das Produkt der Unversöhnlichkeit der Klassengegensätze".[3] Die verschiedenen Könige der Āryas beanspruchten ein bestimmtes Gebiet als ihr Reich und sowohl die wenigen arischen Gefolgsleute wie auch die Massen der autochthonen, vorarischen Bauern-Heloten als ihr Volk, als ihre Untertanen. Sie gaben die Heerführung an einen Adligen, ihren „Beamten", ab, um selber als König, als Monarch, die höchste Regierungsfunktion zu übernehmen. Das Heer bestand nur aus Āryas und war demnach von den Königen gegen die Massen der Untertanen, die Śūdra-Bauern, als Machtapparat einzusetzen. Die Volks- bzw. Heeresversammlung hörte auf zu existieren, denn die Stämme waren keine lebendigen Einheiten mehr, und kein Ārya dachte auch nur daran, die Massen der Śūdra-Heloten an der Volksversammlung und Regierung zu beteiligen. Die arischen Hirten, Bauern und Handwerker, der Stand der Vaiśyas aber wurden ähnlich den Śūdras ausgebeutet und diesen immer mehr angeglichen. Es gab damals nur eine Versammlung von Adligen des Krieger- und Priesterstandes beim König, aber ohne politische Macht; sie war mit Disputationen religiös-philosophischer Themen beschäftigt. Die früher freiwillig gewesenen Abgaben an den König wurden zur staatlichen Steuer. Zur Gründung solcher Staaten zwang die Āryas einmal die Natur der Gangesebene. Deren riesige Weiten waren mit Dschungel bedeckt. Wo Wasser erreichbar war, hatten die Mundas den einheimischen Reis zu kultivieren begonnen, und zwar wegen des Monsuns mit Bewässerungsanbau, d. h. mit der indischen Form der „asiatischen" Produktionsweise. Rodung und Bewässerung brachten sie dazu, in Dorfgemeinden zu leben, die sich wirtschaftlich und sozial, räumlich und organisatorisch nur sehr wenig ändern konnten. Zum anderen zwang die Āryas zur Staatsbildung die Geschichte, daß sie nämlich als erst seßhaft werdende Hirten und Eroberer diese in sich stagnierenden Dorfgemeinden ausbeuten mußten, denn ohne deren Reis konnten sie dort nicht leben.

Analog verlief damals die Entwicklung in Griechenland. Einerseits kam es zur Ausbildung von Staaten, andererseits waren nicht Landwirtschaft und Dorf mit Rodung und Bewässerung grundlegend, sondern Handwerk, Handel übers Meer und Stadt. Nicht die Heloten Spartas, sondern die immer mehr in Handwerk, Bergbau und als Ruderer in Trieren eingesetzten Sklaven wurden allmählich — und das ist bezeichnend für die antike Produktionsweise — in Korinth, Athen und anderen Städten die Massen der Produzenten. Die Stämme waren wie bei den Āryas zerfallen. Aber die Staaten bildeten sich im Gegensatz zu Indien in kleinen Gebieten mit einer Stadt als entscheidendem Zentrum zu den sogenannten Stadtstaaten heraus, und in den Städten blieben Volksversammlungen und Senate als politische Instanzen weiter üblich. An ihnen nahmen die Sklaven nicht teil, aber innerhalb der freien Bevölkerung erhielt sich damit eine gewisse Demokratie.

In der 3. Periode von etwa 600 bis 325 v. u. Z. entwickelte sich das Königtum in Indien weiter zur Despotie. Der Despot war weder einer Versammlung des Volkes noch einem Kabinett von Ministern verantwortlich. Es gelang ihm, große Teile sowohl des Priester- wie des Kriegeradels zum Dienstadel zu machen und sich damit einen komplizierten Machtapparat für Verwaltung und Regierung zu schaffen. Das entsprach den Interessen dieses Teiles der beiden adligen Stände an der Zentralisierung der politischen Macht zur Sicherung und Steigerung der Ausbeutung der versklavten Massen, insbesondere der Bauern in deren altertümlichen Dorfgemeinden. Die in sich demokratischen, aber zugleich patriarchalischen, in ihren Rodungen in den riesigen Dschungeln voneinander isolierten, in sich ziemlich autarken Dorfgemeinden waren idyllisch, aber zugleich borniert, nur an ihrem eigenen Schicksal interessiert, sahen staatliches Geschehen in den fernen Zentren der Macht, Kriege und Eroberungen wie über sie hereinbrechende Naturkatastrophen an und waren damit eine feste Grundlage für Despotismus, diese zur „asiatischen“ Produktionsweise gehörige Staatsform. Der Despot des zentralisierten Staates unterhielt grundsätzlich die Mitglieder des Dienstadels, ernährte sie aus seinen Speichern, in die die Naturalabgaben der Dörfer flossen, und kleidete und bewaffnete sie, soweit sie sein stehendes Heer bildeten.

Daneben gab es die Staatsform der Aristokratie. In ihr schlossen sich die an Dezentralisation interessierten Kreise des Kriegeradels zusammen. Von ihnen blieb jeder ein winziger König mit eigenen Dörfern, Naturalabgaben der versklavten Bauern, Speichern und Heereskontingenten. Sie taten sich zu mehreren Bünden bis zu angeblich je Tausenden solcher Kleinstkönige zusammen, verwalteten sich mit Adelsversammlungen in je einer zentralen Stadt in Erinnerung an einstige Stammesdemokratie und wählten zeitweilige sogenannte Könige als Führer im Kriege und Exekutive in Friedenszeiten. In diesen Aristokratien verminderten die Herren des Kriegeradels die Macht der früheren „Könige“, aber duldeten auch keinen Despoten über sich.

Daneben existierten ähnliche, aber primitivere Staaten, in denen die Adligen wie Bauern selbst von Landwirtschaft und Waffenhandwerk lebten.

Schließlich gab es in den noch immer ausgedehnten Dschungeln autochthone Stämme verschieden hoher vorstaatlicher Entwicklungsstufen.

Gegen Ende dieser 3. Periode machte sich der Despot von Magadha aus der Dynastie der Nandas mit Gewalt zum Oberherren der ganzen Gangesebene außer Bengalen, ließ aber dabei die anderen Staaten in ihren verschiedenen Formen in seinem „Staatenkreis“ bestehen. Was Inder damals Staatenkreis nannten, bezeichnen wie heute als Großstaat.

In denselben Jahrhunderten entwickelte sich in einigen griechischen Stadtstaaten wie Athen, Korinth oder Milet auf Grund der antiken Produktionsweise die Demokratie, d. h. viele Bürger hatten als Mitglied der Volksversammlung sowohl aktives wie passives Wahlrecht, die Volksversammlung beschloß die Politik und die Gesetze, und alle Beamten wurden in der Volksversammlung auf Zeit, meist nur für ein Jahr, gewählt. Blickt man von da auf Indien, so gab es im Despotismus eigentlich keine Bürger, sondern nur Untertanen, und keine Staatsbeamten, sondern nur Fürstendiener. In anderen griechischen Stadtstaaten errichtete der Adel eine Form der Aristokratie, die der indischen gegenüberzustellen ist; in einigen zurückgebliebenen Völkerschaften Griechenlands gab es schließlich Analoga zu den bäuerlich-aristokratischen Staaten Indiens. Aber wir finden, da Wälder fehlten, keine griechischen Analoga zu den indischen Dschungelstämmen. Bei solcher Betrachtung ist die griechische Demokratie das bezeichnende Gegenstück zur indischen Despotie. Am Ende überrannte die Monarchie von Mazedonien alle griechischen Stadtstaaten, wie Magadha das Gangesgebiet. Dies hatte wirtschaftliche, aber auch politische Gründe.

In der 4. Periode von 325 bis 236 v. u. Z. blühte für kurze Zeit der zentralisierte Großstaat von Magadha unter der Dynastie der Mauryas mit einem komplizierten Apparat für die staatliche Wirtschaft und Verwaltung. Er läßt sich weitgehend mit dem gleichzeitigen hellenistischen Ägypten vergleichen. Es war der Höhepunkt der staatlichen Entwicklung im alten Indien. Aber es handelt sich nicht um einen durchorganisierten Großstaat, sondern um eine kurzlebige, militärisch und politisch notdürftig zusammengehaltene, von den indischen Theoretikern mit Recht nicht als Staat, sondern als Staatenkreis aufgefaßte Zusammenballung verschiedenster Staaten, Monarchien und Aristokratien, ja auch Dschungelstämmen, die der Despot von Magadha als Oberherr mit seinen Boten, Gesandten, lenkte, indem er einen der kleinen Staaten durch Verträge gegen den anderen diplomatisch ausspielte und Widerstände militärisch brach. Dies war weitgehend ähnlich den damaligen Verhältnissen im Hellenismus, im Großreich der Seleukiden und im griechischen Mutterland, das damals unter mazedonischer Oberherrschaft stand.

In der 5. Periode von 236 v. u. Z. bis 300 u. Z. erlebte Indien erst eine Periode der Dezentralisation, des Zerfalls des Staatenkreises von Magadha, dann eine neue Zentralisation unter den aus Innerasien eingedrungenen Skythen (Kushan) und am Ende deren Zerfall. Zentralisation und Dezentralisation pflegten ja in allen altorientalischen Staaten mit ihrer asiatischen Produktionsweise seit Jahrtausenden einander geradezu periodisch abzuwechseln, freilich unter bedeutenden Verschiedenheiten in den einzelnen Räumen und Zeiten, während derartige Perioden in der älteren Geschichte Griechenland-Roms mit ihrer antiken Produktionsweise keine Rolle spielten. Indessen bedeutete für Griechenland die Eingliederung in das römische Imperium unter der Republik und dem Prinzipat eine Fremdherrschaft wie die gleichzeitige Fremdherrschaft der Kushan für Indien, und dem Zerfall des Kushanreiches steht die Krise des Prinzipats als gleichsam erste Dezentralisationsperiode unserer Antike gegenüber. Der Prinzipat, die erste Form des römischen Kaiserreichs, läßt sich ja weitgehend dem indischen Despotismus an die Seite stellen, und dies, obgleich in Indien die „asiatische", in

Rom die antike Produktionsweise herrschte. Diese trug damals aber schon den Keim ihres Zerfalls in sich und war damit der „asiatischen“ Produktionsweise des agrarischen Indien ähnlich. Auch im römischen Kaiserreich hörte die Volksversammlung des römischen Stadtstaates auf zu bestehen, auch hier regierte der Prinzeps mit von ihm eingesetzten und unterhaltenen „Fürstendienern“, die zunächst neben den Staatsbeamten der untergehenden Republik standen, ihnen dann aber allmählich ihre Macht nahmen. Im Unterschied zum indischen Staatenkreis wurde indessen das römische Bürgerrecht schrittweise erst auf Italien, dann auf das ganze Kaiserreich ausgedehnt und dieses, so gut es damals ging, als einheitlicher Staat mit Provinzen statt der unterworfenen Kleinstaaten regiert. Manche Historiker vermuten, daß die Vergöttlichung des römischen Kaisers mit der der Skythen und der Prinzipat überhaupt mit dem hellenistischen, mehr oder weniger orientalischen Königtum zusammenhängen. Damit kann man aber noch keinen wesentlichen historischen Zusammenhang zwischen dem indischen und dem römischen Staat dieser Zeit konstruieren.

In der 6. Periode von 300 bis 500 u. Z. blühte Indien unter der Dynastie der Guptas, deren Macht wieder von Magadha ausging, die ganz Nordindien beherrschte und neben den Einzelstaaten des Staatenkreises auch eine Art Provinzialregierung versuchte, aber schnell wieder zerfiel und zur indischen Variante des Feudalismus überleitete. Dabei bildete sich als etwas Neues der indische Feudalherr heraus, und zwar aus den kleinen Herrschern, die im Staatenkreis ihrem Oberherrn vertraglich verbunden gewesen waren, jetzt aber ihr angestammtes kleines Reich als von ihm damit „beschenkte“, wir würden sagen belehnte Fürsten regierten. Ihre Stellung war ein Kompromiß zwischen dem Adligen als Mitglied des Dienstadels im alten Despotismus und dem Kleinstkönig als freiem Mitglied der alten Aristokratie; sie regierten ihren kleinen Staat und zogen dessen Abgaben ein, aber sie taten es als Feudalherren, d. h. sie leiteten einen Teil der Abgaben ihrer Untertanen an den Oberherrn weiter; sie waren damit eine typisch feudale Mittelschicht, etwas für Indien Neues. Damit hörten die altindischen Aristokratien auf zu existieren, ebenso wie allmählich auch die griechischen Demokratien, Aristokratien, ja Stadtstaaten, als sich in Ost- und Westrom der Feudalismus herausbildete. Dabei kann man den Einfällen der Germanen und Slawen in das Römerreich in gewissem Sinne die der Weißhunnen in das nordindische Guptareich gegenüberstellen. Gleichzeitig wurden die ursprünglich helotenartig versklavt gewesenen indischen Bauern im Laufe der Jahrhunderte zu einer indischen Abart feudaler Höriger.

Bezeichnet man die indische Produktionsweise mit ihren Dorfgemeinden, ihrem Bewässerungsanbau und ihrem Despotismus im Gegensatz zur antiken als eine indische Abart der heute viel diskutierten „asiatischen“ Produktionsweise, so kann man gleichzeitig in ihr, d. h. innerhalb der „asiatischen“ Produktionsweise, typisch indische Formen erst sklavenhalterischer und dann feudaler Gesellschaft unterscheiden, während man in Europa auf die antike, d. h. sklavenhalterische Produktionsweise die feudale als eine neue Produktionsweise folgen läßt.

Es ist möglich, diese Entwicklungslinie, neben die man andere stellen kann, kurz zusammenzufassen: In Indien sowohl wie in Griechenland-Rom begann etwa gleichzeitig und unabhängig voneinander mit der massenhaften Ausbeutung von Sklaven die Herausbildung von Staaten, und zwar Staaten von je drei Typen. Es siegte eine Monarchie (Magadha einer-, Mazedonien und danach Rom andererseits). Dabei wurde am Ende der indische „Staatenkreis“, d. h. ein Großstaat unter dem Despoten mit seinen Fürstendienern, im Grunde dem römischen Kaiserreich mit seinen Kaiserdienern ähnlich. Aber diese Entwicklung ging in Indien sozusagen direkt vor sich, insofern seine Dorfgemeinden ihrem Wesen nach eine feste Grundlage für Despotismus bildeten, während in unserer Antike die Entwicklung über den typisch antiken, mehr oder weniger demokratischen Stadtstaat ging und erst im Kaiserreich zu solch einer Ähnlichkeit mit dem indischen Despotismus führte. Während der Jahrhunderte dieses Umwegs machte der indische Despotismus drei für die „asiatische“ Produktionsweise bezeichnende Epochen der Zentralisation unter den Mauryas, Kushan und Guptas durch. Am Anfang gingen Indien und Griechenland-Rom von einer militärischen Demokratie aus, und in beiden führten am Ende Despotie bzw. Prinzipat und Dominat zu Feudalismus. Bei allen diesen Gemeinsamkeiten lebte Indien mit „asiatischer“, Griechenland-Rom mit antiker Produktionsweise. Ob und wieweit die Entwicklungen in anderen damaligen Gebieten wie Israel, Ägypten, dem Iran oder gar in China und Lateinamerika weitere Analoga bieten, müssen Fachleute feststellen.

Gerade dieses aber ist eine wichtige Aufgabe, denn es kommt darauf an, die Entwicklung in Indien einerseits mit Gesellschaften der anderen, eben der antiken Produktionsweise zu vergleichen, aber auch mit anderen Gesellschaften derselben „asiatischen“ Produktionsweise, um deren Gemeinsamkeiten und Besonderheiten herauszustellen, denn nur so wird sich allmählich immer deutlicher die trotz aller Gemeinsamkeiten unbestreitbare Individualität der indischen Gesellschaft und ihres Werdens zeigen. Es ist aber doch das eigentliche Thema des Indologen, Indien im Rahmen der allgemeinen Menschheitsgeschichte seinen besonderen Platz finden zu lassen.

2. Methodisches Vergleichen

Vergleichen bedeutet nicht etwa gewaltsames Angleichen Indiens an andere Gesellschaften, sondern unvoreingenommenes Gegenüberstellen. Im Grunde ist systematisches Vergleichen für den Indologen geradezu unentbehrlich. Er kann ja die Erscheinungen der indischen Geschichte gar nicht beschreiben, ohne ständig europäische oder als deutscher Indologe deutsche Begriffe zu verwenden. Ob diese aber für Indien ohne bedeutende Modifikationen anwendbar sind, bedarf erst der vergleichenden Untersuchung. Er muß also den indischen Tatbestand genau beschreiben, seine Begriffe definieren und mit Beispielen belegen, die er aus der uns geläufigen europäischen bzw. deutschen Geschichte nehmen wird. Beim heutigen Stand der noch sehr jungen Geschichtsforschung kann der Indienhistoriker sozusagen Schwarz nur beschreiben, wenn er damit Weiß vergleicht.

Der Vergleich hat uns gezeigt, daß es in Indien in der Tat einen Staat wie in unserer Antike gab, sogar Staaten mit je drei verschiedenen Formen. Der Staat entstand, als sich antagonistische Klassen herausbildeten und damit die Gentilgesellschaft aufhörte zu existieren. In diesem Falle kann man über den indisch-griechisch-römischen Vergleich hinausgehen und verallgemeinern, daß nach den bisherigen Forschungsergebnissen überall, wo sich antagonistische Klassen bilden, auch der Staat entstehen muß. Dies gilt offenbar als allgemeine Gesetzmäßigkeit der Klassengesellschaft.

Der Vergleich hat aber auch gezeigt, daß die Entwicklung in Indien einer-, und in unserer Antike andererseits bedeutende Unterschiede aufweist, die sich aus dem Unterschied der „asiatischen“ von der antiken Produktionsweise erklären lassen, d. h. durch diese veranlaßt sind. Dies gibt uns einerseits eine Möglichkeit, unser Geschichtsbild zu erweitern und den bislang allzu üblichen Europazentrismus zu überwinden. Es gab ja nicht nur die uns geläufigen europäischen Staatsformen, und unsere Theorie vom Staat muß auch die außereuropäischen Staatsformen mit umfassen. Dies gilt aber selbstverständlich nicht nur für den Staat. Wir müssen uns klar werden und zeigen, daß zwar die europäische historische Entwicklung bedeutungsvoll war, insofern sich nur in ihr der Fortschritt zu Kapitalismus und Sozialismus-Kommunismus aus eigener Kausalität vollzog, daß aber die Mehrheit der Menschen in Gesellschaften lebte, die nicht auf unserer antiken, sondern auf anderen Produktionsweisen beruhen, die wir einstweilen mit dem herkömmlichen, aber nicht ausreichenden Fachausdruck „asiatische Produktionsweise“ zusammenfassen. Gerade heute, wo die Völker Asiens, Afrikas und Lateinamerikas, die erst im 19. Jahrhundert durch Kolonialismus gewaltsam in den Kapitalismus hineingezwungen worden sind, sich bemühen, ihre Freiheit auszubauen und sich damit auf ihre eigene Vergangenheit besinnen, die in ihrem Bewußtsein in stärkerem oder schwächerem Maße noch lebendig ist, kann ohne Berücksichtigung dieser grundlegenden Frage der „asiatischen" Produktionsweise keine politische, kulturelle oder auch nur ökonomische Zusammenarbeit mit ihnen erfolgen. Wie also der Staat überall entstehen muß, wo es antagonistische Klassen gibt, muß er offenbar überall da, wo die „asiatische" Produktionsweise seine Grundlage bildet, in despotischer Form dieser oder jener Variante auftreten. Gegensätzliches ist bisher nicht bekannt geworden. Wie dieser traditionelle Despotismus aber zu der heute notwendig gewordenen Demokratie entwickelt werden kann, ist ein großes Problem für die sogenannten Entwicklungsländer. Unsere Fragestellung ist damit sehr aktuell.

Wenn es gelingt, durch Vergleichen so grundlegende Gemeinsamkeiten zugleich mit ebenso wichtigen Unterschieden deutlich werden zu lassen, so ruft das Staunen hervor. Es ist doch durchaus keine Selbstverständlichkeit, daß es solche allgemeinen Gesetzmäßigkeiten gibt, daß sich überall, wo Klassen existieren, Staaten — aber auch Recht, Religion, Wissenschaften, Philosophie und Künste — entwickeln, und diese in verschiedener Art je nach der Produktionsweise. Schon Platon und Aristoteles sprachen aus, daß es das eigentliche Wesen der Philosophen ist, zu staunen (thaumazein).[4] Goethe hat Platon zitiert und bewundert[5], und er reflektierte, daß die Wissenschaft uns hilft, daß sie das Staunen, wozu wir von Natur berufen sind, einigermaßen erleichtere; sodann aber, daß sie dem immer gesteigerten Leben neue Fertigkeiten erwecke zu Abwendung des Schädlichen und Einleitung des Nutzbaren.[6]

Ich meine, die Beobachtung führt den Indienhistoriker beim Vergleichen durch Bemerken der Kausalität zur Erkenntnis objektiver Gesetzmäßigkeiten der gesellschaftlichen Entwicklung. Das Vergleichen möchte ich eine Vorstufe der In- und Deduktion nennen, ein Mittel, um zum Deduzieren zu gelangen. Wenn der Naturwissenschaftler von der Beobachtung einzelner, von ihm miteinander verglichener Fälle zum Aufstellen einer Hypothese gelangt und diese in der Praxis des Experiments[7] dank dessen Wiederholbarkeit zur Theorie erhebt, so kann und muß das systematische Vergleichen dem Historiker das Experiment ersetzen. Mag der Staatsmann oder Ökonom manchmal experimentieren, der Geschichtswissenschaftler kann keine Experimente machen, lassen sich doch die durch Vergleichen beobachteten Gesetzmäßigkeiten[8] nicht in diesem Sinne wiederholbar machen, aber der Vergleich ersetzt dem Historiker die Wiederholbarkeit im Experiment durch die Beobachtung der Wiederholung einer historischen Entwicklung in der Geschichte. Einerseits „verläuft die bisherige Geschichte nach Art eines Naturprozesses und ist auch wesentlich denselben Bewegungsgesetzen unterworfen",[9] die die Dialektik zusammenfaßt. Auch die Natur ist etwas ewig Werdendes — wie schon alte griechische und indische Philosophen wußten und wie es durch den Philosophen Kant mit seiner „Allgemeinen Naturgeschichte und Theorie des Himmels" 1755 in die Naturwissenschaft eingeführt wurde.[10] Von da an setzte sich solch naturgeschichtliches Denken langsam auch in anderen Naturwissenschaften wie Geologie und Biologie, die es mit Entwicklungen zu tun haben, durch, und zwar mit „Anwendung der vergleichenden Methode" [11], z. B. in der physischen Geographie, in der Deszendenz der Arten von Pflanzen und Tieren und im Vergleichen der Onto- und Phylogenese. Wie Natur und Gesellschaft ist aber auch das Denken, das Erkennen der objektiven Wahrheit in Wissenschaft und Philosophie, ein ständiger historischer Prozeß [12], und wissenschaftliches Denken begann im Grunde erst vor 500 Jahren, zunächst auf dem Gebiet der Mechanik, ganz spät auf dem der Geschichte der Gesellschaft.[13] Andererseit ist die Gesetzmäßigkeit in der Geschichte der Gesellschaft aber eine andere als die in der Natur. Die Gesellschaftsgeschichte hat es mit denkenden und wollenden Menschen zu tun [14], insbesondere aber mit Massen von Menschen, die in Klassen zusammenleben und als Mitglieder von Klassen gemeinsame Interessen haben, denen die individuellen Interessen untergeordnet sind. Die Klasseninteressen aber sind objektiv erfaßbar, und die Gesetzmäßigkeiten des Handelns von Klassen sind dementsprechend dem Historiker objektiv beobachtbar und kausal verständlich oder einsichtig, d. h. in ihrer objektiven Gesetzmäßigkeit faßbar. Bei solchen theoretischen Überlegungen braucht der Indologe heute aber dringend die fördernde Kritik des Philosophen, und es ist noch nicht abzusehen, wie künftige Zusammenarbeit von Historikern und Philosophen den Begriff der historischen Gesetzmäßigkeit verfeinern wird.

Das Vergleichen liefert uns eine Anregung zum Beobachten, Sammeln und Ordnen von Gesetzmäßigkeiten; was der Indologe heute braucht, ist ein Katalog der bisher gefundenen historischen Gesetzmäßigkeiten [15], angeordnet nach einem System. Der Historiker kann ja das Vergleichen in verschiedener Weise anwenden. Er kann z. B. Erscheinungen diachronisch miteinander vergleichen, die historisch in derselben Gesellschaft aufeinander gefolgt sind. Man kann etwa die verschiedenen Revolutionen in Europa beobachten und die Rolle der Revolutionäre, zunächst der Bauern und städtischen Plebejer in Thomas Müntzers Zeit, dann ein paar Jahrhunderte später die der Arbeiter, weiter die der Reaktionäre, zunächst der feudalen Fürsten, später der Militaristen, und schließlich die der verschiedenen Schichten des Bürgertums, wieweit sie die Revolution unterstützen oder sich auf die Seite der Reaktion stellen, vergleichen und damit zu wichtigen Gesetzmäßigkeiten gelangen.[16] Wie man allgemein sagt, kann man aus der Geschichte lernen, und die Wissenschaft muß dabei entscheidend helfen, scheinwissenschaftliche Demagogie zu entlarven. Es ist z. B. einseitig zu sagen, es sei alles schon einmal dagewesen. Der Altindologe könnte eine solche These unter anderem mit der Gesetzmäßigkeit zu belegen suchen, daß es geradezu ein Schicksal Indiens war, daß seine Bauern immer wieder von Eroberern mit Hirtencharakter überrannt wurden.[17] Dabei ist aber hervorzuheben, daß die Āryas, Indoskythen, Türken und Mongolen bei manchen Gemeinsamkeiten sich doch voneinander unterschieden, daß jede Erobererwelle einzigartig und nur in einer ganz bestimmten Zeit und Situation möglich war.[18] Nur wenn der Indologe, um ein anderes Beispiel anzuführen, die Unterschiede zwischen Mauryas und Moguls herausgestellt hat, kann er beide mit wichtigen Gemeinsamkeiten als Höhepunkte der Sklavenhalterordnung und des Feudalismus charakterisieren.[19] Man kann weiter von Buddha bis Gandhi eine Reihe antiorthodoxer religiöser Reformbewegungen mit wesentlichen Gemeinsamkeiten anführen[20], aber muß jede einzelne wiederum als eine besondere charakterisieren. Auf keinen Fall darf man die Geschichte als eine Wiederholung von Zyklen auffassen.

Es ist aber auch möglich, Erscheinungen synchronisch zu vergleichen, die in ungefähr derselben Zeit bei verschiedenen Völkern auftreten; so haben wir es mit dem alten Staat getan. Man kann weiter unterscheiden zwischen Gesetzmäßigkeiten, die nur für eine Gesellschaftsformation gelten[21], wie z. B. die Formen der Abhängigkeit der Produzenten in der Sklavenhalterformation, wobei zunächst zu fragen ist, ob es Sklaven im alten Indien überhaupt gegeben hat oder nicht bzw. ob in der uns aus unserer Antike geläufigen Form oder, wie zu erwarten ist, in einer der „asiatischen“ Produktionsweise entsprechenden anderen Form.[22]

Außerdem sind weitergehende Gesetzmäßigkeiten zu beobachten, die nicht nur für eine Gesellschaftsformation, sondern für die gesamte Klassengesellschaft gelten, wie z. B. die Herausbildung von Religion aus Magie, von Recht aus Sitte. Schließlich kann man Gesetzmäßigkeiten für die Menschen aller Gesellschaftsformen entdecken wie die, daß die Gesellschaft ohne Produktion nicht leben kann. Je allgemeiner, um so seltener sind solche Gesetzmäßigkeiten.[23] Man muß aber neben der zeitlichen Dauer auch die territoriale Ausdehnung der Gesellschaften berücksichtigen. Der Indologe muß z. B. zwischen allgemeinen Gesetzmäßigkeiten der indischen und besonderen der bengalischen, panjabischen usw. Gesellschaft unterscheiden, zwischen noch allgemeineren, die für eine Gruppe oder gar alle Gesellschaften der

„asiatischen“ Produktionsweise gelten, zwischen sehr allgemeinen, die für Indien und Griechenland-Rom und den allgemeinsten, die für alle Gesellschaften „asiatischer“ und antiker Produktionsweise Geltung haben. Dabei gilt wiederum, daß, je umfassender der Bereich der verglichenen Gesellschaften gefaßt wird, um so weniger gemeinsame Gesetzmäßigkeiten es gibt. Die Geschichte ist ja in ständigem Fluß, und man hat richtig gesagt, daß Wiederholungen in ihr die Ausnahmen von der Regel sind.[24]

Außer einer systematischen Übersicht der bereits erarbeiteten Gesetzmäßigkeiten brauchen wir demnach eine Methodik[25] des Vergleichens zum Zwecke der Auffindung von Gesetzmäßigkeiten. Bisher ist das Vergleichen in allen Gesellschaftswissenschaften schon seit langem mehr oder weniger angewendet worden. So gibt es seit F. Bopp[26] 1816 die historische vergleichende indoeuropäische Sprachwissenschaft, die möglich wurde, als das Sanskrit grammatisch erfaßt wurde. Sie hat zwar keine indoeuropäische Ursprache herausarbeiten können, denn eine solche hat es anscheinend nie gegeben; aber das Werden der einzelnen indoeuropäischen Sprachen zu beschreiben gelang ihr weitgehend auf den Gebieten der Laut- und Formenlehre, Lexik und Syntax und damit u. a. die Aufstellung von Lautgesetzen, deren Gültigkeit nicht bestritten wird. Dies gilt auch für andere Sprachfamilien. Dabei ist aber zu bedenken, daß die Sprachwissenschaft innerhalb der Gesellschaftswissenschaften insofern einen besonderen Platz einnimmt, als sie es nicht mit ideologischen Erscheinungen zu tun hat und damit den Naturwissenschaften verhältnismäßig nahe steht. Man muß demgemäß zwischen mehreren Varianten von Gesetzen unterscheiden[27], denn in Physik und Chemie wird der Begriff „Gesetz“ etwas anders verwendet als in den sozusagen historischen Naturwissenschaften der Astronomie, Geologie und Biologie, die die einmalige Entwicklung des Weltalls, der Erde und der organischen Natur behandeln, und innerhalb der Gesellschaftswissenschaften wird wiederum in der Sprachgeschichte der Begriff des Gesetzes bei den Lautgesetzen etwas anders verstanden als in den Wissenschaften, die es mit der Entwicklung von Basis und Überbau der Gesellschaften zu tun haben und nur bei Anwendung des historischen Materialismus zur Erkenntnis der Kausalität und damit von Gesetzmäßigkeiten gelangen. Der Astronom als Vertreter einer historischen Naturwissenschaft braucht nach dem Vergleichen Physik und Chemie zur Feststellung der Kausalität, der Historiker analog den historischen Materialismus. Diese wichtigen Fragen bedürfen dringend der Diskussion aller Beteiligten, ausgehend davon, wieweit der Begriff „Gesetz“ überhaupt überall anwendbar ist.

Weiter gibt es seit langem eine vergleichende Rechts-, Religions-, Philosophie-, Kunst und Literaturgeschichte[28], und auf allen diesen Gebieten hat das indische Material ebenfalls eine bedeutende Rolle gespielt. Das Vergleichen ist aber bisher auf diesen Gebieten nicht systematisch angewendet worden und insofern nicht richtig, als es nicht mit dem historischen Materialismus aufs engste gekoppelt worden ist. Rechtsvergleicher haben z. B. durch Vergleichen altindischen, römischen, griechischen, keltischen und slawischen Rechts ein „indoeuropäisches Recht" zu konstruieren versucht[29], ohne damit — analog gewissen romantischen Sprach- und Religionsvergleichern — zu einem Erfolg zu kommen. In indoeuropäischer Gentilzeit kann es noch gar kein Recht gegeben haben, nur lebendige Sitte. Andere haben das römische Recht zum Muster genommen, um an ihm altorientalische Rechte Mesopotamiens, Ägyptens oder Indiens[30] zu messen, zu beurteilen, zu bewerten, als ob das alte römische Recht das Recht schlechthin wäre. Gewiß ist es der „fast vollkommene Ausdruck der juristischen Beziehungen, die aus der Warenproduktion entspringen".[31] Aber der berühmte Arabist Bergsträsser hat sich mit Recht 1930 dagegen gewehrt, daß der römische Begriffsapparat dem islamischen Recht durch die Rechtsvergleicher aufgezwungen würde; sei doch das islamische Recht eine untrennbare Einheit mit kultischen Pflichten und ethischen Ermahnungen.[32] Ebenso ist der Charakter des Rechts im alten Indien und vermutlich in allen Gesellschaften der „asiatischen" Produktionsweise. Der Rechtsvergleicher muß also bei aller Anerkennung der Größe der Leistung römischer Juristen die vielen komplizierten „Rechtsentwicklungen"[33] in den Gesellschaften antiker und „asiatischer" Produktionsweise bis zur kapitalistischen und sozialistischen auf Gesetzmäßigkeiten hin vergleichen[34] und sie letztlich aus der Entwicklung der betreffenden Produktionsverhältnisse verständlich machen. — Es gab auch schon vergleichende Geschichtsbetrachtung[35] besonders in der Wiener Kulturkreislehre, in der sogenannten kulturhistorischen Schule[36] um die Spengler-Toynbeesche Richtung, die biologisch und in Zyklen denkt, nur nebenbei zu erwähnen.[37] Den Wienern gebührt immerhin das Verdienst, sich um die Methodik des Vergleichs bemüht zu haben. Da sie aber sehr unhistorisch dachten und nicht die Entwicklung der Gesellschaft und in ihrer Sprache das Entstehen der sogenannten Kulturkreise untersuchten, sondern nur deren Wanderung, war ihre Theorie mit dem Form-, Quantitäts- und Kontinuitätskriterium einseitig und muß von uns ergänzt und wesentlich umgewandelt werden.

Auch Marx und Engels haben die Methode des Vergleichs angewendet, Marx, wenn er z. B. die „asiatische" der antiken Produktionsweise gegenüberstellte oder wenn er die indische Dorfgemeinde mit dem römischen und germanischen Dorf verglich[38], Engels, wenn er den Übergang von Stamm zu Staat bei den alten Griechen, Römern und Germanen darstellte.[39] Es gibt aber m. W. noch keine Weltgeschichte, die das Vergleichen systematisch angewendet hätte.[40] Zur systematischen Anwendung gehört das Vergleichen aller historischen Erscheinungen von Basis und Überbau unter Herausarbeitung der Kausalität. Ein Vergleich, der einzelne Erscheinungen willkürlich aus ihrem gesellschaftlichen und historischen Zusammenhang reißt, nützt wenig. Solch sporadisches[41] oder das einseitig-unhistorische Vergleichen der Wiener Schule hat die Vergleichsmethode, die in kapitalistischen Geisteswissenschaften ausgesprochen beliebt ist, bei uns in Verruf gebracht. Es ist deswegen notwendig, sich mit ihr ernsthaft auseinanderzusetzen, das Gute in ihr unseren Aufgaben nutzbar zu machen, das Falsche in ihr dialektisch aufzuheben.[42] In dieser Hinsicht möchte ich daran erinnern, daß V. Schirmunski (Leningrad) als erster eine vergleichende materialistische Literaturgeschichte, und zwar der Volksepik, versucht hat, daß aber der Vergleich meiner Ansicht nach auf die schöne Literatur, wie z. B. moderne indische Romane, ebenfalls anzuwenden ist.[43] Vergleichen ist seit langem eine der Methoden der Rekonstruktion der Urgeschichte.[44] Und es ist heute bei der Behandlung der Ökonomie der „Entwicklungsländer" üblich geworden, diese untereinander zu vergleichen, insofern man feststellt, daß sie alle u. a. Bodenreform und Industrialisierung brauchen und in dieser oder jener Weise in Angriff nehmen. Aber das heutige Indien wird bisher ebensowenig wie andere Entwicklungsländer von Indologen und anderen Spezialisten auf seine heutige Individualität hin vergleichend betrachtet.

Immerhin ist ein Anfang gemacht, und der Vergleich und die Anerkennung, daß es in der Gesellschaftswissenschaft wie in der Naturwissenschaft Gesetzmäßigkeiten gibt, werden sich bald durchsetzen. Man muß dabei bedenken, daß diese Anerkennung auch in den Naturwissenschaften nicht etwa selbstverständlich war, daß „Riesen an Gelehrsamkeit" wie Kepler, Kopernikus, Galilei und Newton schwer zu ringen hatten, ehe die Vorstellung des Naturgesetzes gegen die Kräfte der Reaktion (in diesem Falle die der feudalen Mächte, insbesondere der katholischen Dogmatik) durchgesetzt werden konnte, und zwar erst dann, als die aufsteigende Klasse des Bürgertums sie für die Produktion brauchte. Seit über hundert Jahren benötigt aber die neue aufsteigende Klasse der Arbeiter für ihre richtige Politik auch die Kenntnis der Gesetze der gesellschaftlichen Entwicklung, um diese handhaben und die Gesellschaft umgestalten zu können, und deswegen wird ihre Erkenntnis sich durchsetzen, und zwar in engster Verbindung mit dem historischen Materialismus gegen die Reaktion des Imperialismus, die keine Gesetzmäßigkeiten der Geschichte anzuerkennen bereit ist, um nicht den gesetzmäßigen Untergang des Kapitalismus und der Klassengesellschaft zugeben zu müssen.

Die Notwendigkeit, nicht nur in den Naturwissenschaften, sondern auch in den Geschichtswissenschaften zur Erkenntnis von objektiven Gesetzen des Werdens zu kommen, wurde eben erst verhältnismäßig spät empfunden, bei der Sprachgeschichte, die es nicht mit ideologischen Materialien zu tun hat, um 1816 (s. o.), auf den anderen Gebieten der Geschichte theoretisch zwar schon in der Mitte des 19. Jh. mit dem historischen Materialismus, praktisch aber wurde sie erst in unserer Zeit zum akademischen Problem. Dessen Bedeutung für die Indologie wird durch einen Rückblick auf ihre Geschichte, die mit der Aufklärung begann, deutlicher werden.

3. Historischer Materialismus und Indologie

Die Begeisterung des jungen, kosmopolitischen, antiorthodoxen Bürgertums befähigte Missionare wie Ziegenbalg schon 1711 zu einem keimenden Verständnis des indischen Monotheismus.[45] Sie bewog um 1750 tolerante englische Kolonialbeamte wie Halhed in Indien zum Studium des alten indischen Rechts, denn dies beweise, daß man nicht glauben dürfe, die Hindus hätten kein anderes geschriebenes Recht als das, das sich auf das bizarre Zeremoniell ihres Aberglaubens beziehe.[46] Dieser Geist der Aufklärung ließ englische Kolonialbeamte, unter ihnen W. Jones, Ch. Wilkens und H. Th. Colebrooke[47], Sanskrittexte wie 1789 das Drama Śakuntalā des Kālidāsa herausgeben und übersetzen und damit die Sanskritphilologie begründen. Dabei nannte Jones Kālidāsa voll Enthusiasmus den indischen Shakespeare, ein Vergleich, der historisch-phaseologisch nebenbei falsch ist. 1791 übersetzte der Mainzer Jakobiner G. Forster diese Übersetzung von Jones ins Deutsche[48], weil sie zeige, um welche Schätze die europäische Kultur bereichert werden könne und daß im indischen Charakter eine vorzüglich schöne Individualität offenbar würde, insbesondere wenn man sie mit der griechischen vergleiche.[49] Forsters Śakuntalā begeisterte Goethe, der 1829 zu Eckermann in bezug auf indische Philosophie sagte, sie habe „durchaus nichts Fremdes, vielmehr wiederholen sich in ihr die Epochen, die wir selber durchmachen".[50] Der indische Aufklärer R. M. Roy aber bemühte sich um eine Reform der Religion im Holwelschen Sinne der Rückkehr zum altindischen pantheistischen Monotheismus[51], um Wiederherstellung der alten hohen Stellung der indischen Frau durch Aufhebung der Witwenverbrennung, aber auch um Einführung moderner Wissenschaft und Bildung in Indien.

Gegen die aufklärerische Indienbegeisterung eines Jones aber wandte sich schon 1818 der englische Kolonialismus in der Gestalt von J. Mill[52]; er zeichnete im Sinne der damaligen Schule der Utilitaristen das Bild eines barbarischen Indien unter dem Vorwand, Englands Aufgabe sei, dieses Indien zu erziehen. Gegen Mill trat dann der Romantiker M. Elphinstone für möglichste Nichteinmischung Englands in Indiens Geistesleben auf.[53] Damals verherrlichte J. Tod als Romantiker die Rajputen als ideale Feudalherren.[54] Gegen Jones und seine Freunde aber sprach sich noch 1882 der Romantiker M. Müller aus, und zwar in Vorlesungen für angehende englische Kolonialbeamte.[55] Als Romantiker — so vieldeutig dieser Begriff auch ist[56] — hielt er nur das älteste Indien für interessant, als die Inder noch den alten Germanen ähnelten.[57] Von ihm angeregt[58], hat 1879 H. Zimmer das „altindische Leben“ mit dem der alten Germanen verglichen, was wirklich mit Nutzen getan werden kann, während Engländer wie Keith und Macdonell 1912 im gleichen Sinne die Angelsachsen heranzogen, um das älteste Indien verständlich zu machen, wobei sie sich nicht scheuten, dieses als feudal zu interpretieren.[59] Diesem romantischen Verherrlichen des eigenen Altertums durch solche irgendwie von ihrer Gegenwart enttäuschten europäischen Indologen, damit aber auch der Verklärung des indischen Altertums, stand in Indien selber ein analoges romantisches Schwärmen für die indische Vergangenheit gegenüber, das ebenfalls einer Enttäuschung, und zwar über die damalige koloniale Gegenwart Indiens, entsprang, zugleich aber von Jones' und seiner Freunde Leistung für die Wiederentdeckung altindischer Kultur angeregt war. Inder begannen gegen Ende des 19. Jh., aus der idealisierten Größe des alten Indien für den Kampf um die Befreiung vom britischen Kolonialjoch Kräfte zu ziehen, in der schönen Literatur vor allem in den Romanen B. Chatterjis[60], in der Geschichte etwa in den Arbeiten R. Mitras oder in Tilaks phantastischer Rückverlegung des indischen Altertums um Jahrtausende. Eine gefährliche Seite dieses „Hindurevivalismus“ wurde aber der antiislamische Hinduchauvinismus.[61]

Hatte die frühe Romantik etwa bei Bopp zur großen Leistung der Begründung der Sprachvergleichung geführt, so lief die späte Romantik mit Schopenhauer in unwissenschaftliches Schwärmen für die Upanishaden[62] aus. Flucht aus dem Christentum bzw. dem europäischen Kapitalismus wurde zur Mode. Madame Blavatsky gründete 1873 die Theosophie, R. Steiner 1912 die Anthroposophie, beide von Indienschwärmerei ausgehend[63], und es folgten in Europa und Amerika bis heute zahllose neobuddhistische oder vedantische Sekten.[64] In diese Richtung gehören Graf Keyserling mit seinem „Reisetagebuch“ 1919, W. Bonsels' „Indienfahrt“ und verwandte schöne Literatur[65], aber auch die antiimperialistische und zugleich — nach der Großen Sozialistischen Oktoberrevolution von 1917 — antimarxistische bürgerliche Tagore-Schwärmerei der 20er Jahre.[66]

Nachdem das Bürgertum — wenn man den Begriff einmal so grob zusammenfaßt — mit Aufklärung und Romantik eine auf- und eine absteigende Periode erlebt hatte, entstand mit dem Aufstieg der Arbeiterklasse um die Mitte des 19. Jh. der historische Materialismus. Nach dem Kölner Kommunistenprozeß erkannten Marx und Engels in den schwer unterdrückten Kolonialvölkern potentielle Bundesgenossen der Arbeiter Europas und beschäftigten sich neben China vor allem mit Indien.[67] Wollte die Arbeiterklasse die Revolution gewinnen, mußte sie die Wirklichkeit objektiv, d. h. richtig erkennen, um demgemäß erfolgreich handeln zu können. Jegliche Illusion, sei es aufklärerische, sei es romantische Schwärmerei, mußte ausgeschaltet werden, ebenso die nationalistischen und kolonialistischen Standpunkte, und Parteilichkeit für die Sache der Arbeiterklasse an ihre Stelle treten. Diese Parteilichkeit aber erwies sich gerade als Quell der Objektivität, weil nur der Ausgebeutete mit seinem Blick von unten die Gesellschaft ohne Illusionen zu sehen und auch die von den Ausbeutern zur Verdeckung der Ausbeutung um die Gesellschaft gewebten Schleier zu durchschauen vermag. Daß die Weltanschauung der Arbeiterklasse objektiv richtig ist, hat die Praxis mit ihren Erfolgen bis heute immer wieder erwiesen. Das Kriterium der Praxis ist ja das einzige für jede Erkenntnis, für jegliche Wissenschaft entscheidende Kriterium.[68]

Marx und Engels gingen damals in ihrem Briefwechsel auf die Lage Indiens ein und kamen zu grundlegenden Erkenntnissen, die Marx 1853 in mehreren Aufsätzen in der New York Daily Tribune veröffentlichte.[69] Marx erkannte, daß Indien damals seine erste gesellschaftliche Revolution durchmachte, insofern die Dorfgemeinde, die seit unvordenklichen Zeiten die feste Grundlage des Despotismus gebildet hatte, zu Anfang des 19. Jh. noch lebte, damals aber durch den Kapitalismus, durch die Industrie der britischen Kolonialherren allmählich zerstört wurde.[70] Auch die Richtigkeit dieser Erkenntnis, die mit der Methode des historischen Materialismus gewonnen worden war, hat sich bis heute in der Praxis erwiesen. Sollte die Geschichtswissenschaft eine Anleitung zum revolutionären Handeln sein, mußte sie lehren, die objektiven Gesetze gesellschaftlicher Entwicklung zu erkennen und zu handhaben. Die dem gesellschaftlichen Leben zugrunde liegende Kausalität mußte entdeckt werden. Marx und Engels stellten fest, daß die materielle Produktion die gesellschaftliche Entwicklung vorwärtstreibt, daß sich mit der Produktion die Produktionsverhältnisse ändern und daß die Menschen ihren Interessen, ihrer Stellung in der Produktion, ihren Klassenverhältnissen entsprechend handeln und denken. Damit war u. a. die theoretische Möglichkeit der Entfaltung einer materialistischen Indologie gegeben, aber der historische Materialismus wurde damals von den Regierungen an Universitäten und Akademien nicht geduldet.

Statt dessen eroberte der Positivismus die akademische Geschichtswissenschaft. Er wurde von vielen Wissenschaftlern begrüßt, weil er sich von dem unsachlichen Enthusiasmus der Aufklärung und Romantik fernhielt, aber auch vom Materialismus. Er behauptete, völlig und grundsätzlich unpolitisch, unparteilich und objektiv zu sein. Er lehnt mit einer Skepsis, die in unserer zukunftsträchtigen Zeit nicht berechtigt ist, ausdrücklich jede Theorie ab. Das hat aber nichts damit zu tun, daß auch er in Wirklichkeit wie jede andere Ideologie parteilich, politisch und theoretisch war und ist. Gibt er sich unpolitisch, so überläßt er damit grundsätzlich den Ausbeutern die Politik, was ganz in deren Interesse liegt und damit auch im Interesse der dem kapitalistischen Staat dienenden Wissenschaftler. Dies ist eine politische, undemokratische Haltung. Vor allem aber ist der Kampf des Positivismus gegen den Materialismus durch und durch politisch und für den bestehenden Kapitalismus parteilich. Wenn den Materialisten vorgeworfen wird, sie gingen mit Vorurteilen an die Forschung heran, so zeigt vielmehr das Auftreten der Marxisten gegen Erscheinungen des zeitweiligen Dogmatismus ihre Vorurteilslosigkeit; ist sich doch der wissenschaftliche Sozialismus durchaus bewußt, daß er ununterbrochen mit der Entwicklung der Gesellschaft und der Wissenschaft wachsen muß. Und gerade heute wird die uns hier angehende Frage der Dorfgemeinde, der „asiatischen" Produktionsweise, der Sklavenhalterformation und des Feudalismus unter Marxisten heftig umkämpft.[71] Wenn der Positivismus aber hofft, der Materialismus werde so vorübergehend sein wie Romantik und Aufklärung, so irrt er, denn der historische Materialismus wird mit dem Sieg des Kommunismus wachsen, sich entwickeln, aber durch nichts anderes ersetzt werden; da Klassenkämpfe im Sozialismus und Kommunismus ausgeschlossen sind, wird es auch nur eine Weltanschauung der Werktätigen, den dialektischen Materialismus, geben.

Eine unparteiliche, unpolitische Geschichtswissenschaft existiert nicht. Selbst die neueste englische Dokumentenpublikation zur indischen Geschichte, eine faktologische Sammlung, zeigt unausgesprochen in ihrer Auswahl eine „vorsichtige Apologie der britischen Politik", wie sogar westdeutsche Kritik betont.[72] So ist z. B. das berühmte und wirklich nützliche Buch von A. L. Basham, The Wonder that was India, London 1954, zwar von Humanismus durchdrungen, verherrlicht Indien antikolonialistisch und ein wenig im Sinne der Aufklärung, aber verniedlicht die Probleme des Despotismus und der Dorfgemeinde, wenn es behauptet, daß in Indien das Verhältnis zwischen Mensch und Mensch, zwischen Mensch und Staat humaner als anderswo, Grausamkeit und Unterdrückung nur sporadisch gewesen seien.[73] Da diese summarische Verherrlichung Indiens, die übrigens nicht bewiesen und durch keinen eingehenden Vergleich mit anderen Gesellschaften belegt ist[74], nicht parteilich für die Śūdras und die „Unberührbaren", nicht gegen die Despoten, Wucherer oder den konservativen Stand der Brahmanen eintritt, ist sie parteilich für Ausbeutung und damit nicht richtig, nicht objektiv. Andererseits stellten antimaterialistische Religionssoziologen die wirklichen Zusammenhänge direkt auf den Kopf[75] und leiteten soziale Entwicklungen insbesondere Indiens von Religionen ab, wie M. Weber 1921[76] und A. Geiger[77], dieser 1935 unter Koppelung mit „arischer" Rassenlehre.

Die indischen Indienhistoriker unseres Jahrhunderts sind im allgemeinen eher patriotisch oder gar nationalistisch als positivistisch. Nennen muß man einen Patrioten wie K. P. Jayaswal[78], der von 1912 an die Aufmerksamkeit von uns allen auf die Elemente demokratischen Charakters in den alten Aristokratien lenkte, ganz bewußt, um Indien in dieser Hinsicht möglichst nicht hinter Europa, d. h. hinter England, dem Kolonialherrn, zurückstehen zu lassen. In ähnlicher Gesinnung hatte M. R. Bodas schon 1896 versucht, die altindische Logik auf dieselbe Stufe zu stellen wie die griechische[79], und von 1930 an hat P. V. Kane dasselbe für das altindische Recht angestrebt.[80] Dagegen schreiben die meisten Autoren der repräsentativen, 1951 im bereits befreiten Indien begonnenen „History and Culture of the Indian People"[81] eher nationalistisch.

Der historische Materialismus setzte sich in bezug auf Indien an den Universitäten der Länder, die den Sozialismus und Kommunismus aufbauen, erst langsam durch, bei uns erst nach 1945, in der jüngeren Generation, und dementsprechend ist seine Anwendung heute noch weitgehend subjektiv, so objektiv er an sich ist. Die heutige Subjektivität zeigt sich u. a. in der Verschiedenheit der Meinungen, insbesondere beim Problem der „asiatischen" Produktionsweise und ihrem Verhältnis zu Sklavenhalterformation und Feudalismus, aber auch bei der Methode des Vergleichens. Gewiß kann man auch ohne Vergleich Gesetzmäßigkeiten der gesellschaftlichen Entwicklung erkennen, aber das Vergleichen erleichtert ihren Nachweis.

Auch in Indien ist die Anwendung des historischen Materialismus auf die indische Geschichte nicht älter; sie wurde erst 1947 nach der politischen Befreiung möglich. S. A. Dange hat 1949 versucht, den Übergang von Stamm zu Staat in Indien nach Engels (s. o.) darzustellen.[82] D. D. Kosambi suchte 1956 in seiner „Einführung in das Studium der altindischen Geschichte" eigene Wege und verhielt sich gegenüber Marx' Auffassung der Dorfgemeinde sehr kritisch.[83] D. Chattopadhyaya wirkte in den letzten

Jahren für eine materialistische Geschichte der altindischen Philosophie.[84] Der dem Marxismus sehr nahe stehende R. S. Sharma arbeitete schließlich in den letzten Jahren besonders über die Lage der Śūdras und über den Charakter des indischen Feudalismus.[85] Auch in Indien ist demgemäß die Anwendung des Materialismus noch recht subjektiv.

Aber bei aller einstweiligen Subjektivität in Einzelheiten bedeutet diese Anwendung auf die indische Geschichte an sich schon heute einen grundlegenden Fortschritt gegenüber den älteren Theorien, auch gegenüber der des Positivismus, gerade weil sie Gesetzmäßigkeit und Kausalität theoretisch und praktisch nachweist. Sie enthüllt hinter den Erscheinungen das Wesen Indiens, das auf seiner Form der „asiatischen" Produktionsweise, seiner stagnierenden Dorfgemeinde als der Jahrtausende alten Grundlage des Despotismus beruht, sie läßt uns einen Einblick in das Untertanen- und Fürstendienerbewußtsein tun, und sie erlaubt uns in gewissem Umfang Prognosen. Mag die Dorfgemeinde im Laufe der letzten 100 Jahre durch den Kapitalismus allmählich aufgelöst worden sein, das Bewußtsein der heutigen Inder ist noch weitgehend von ihr und vom Despotismus gefärbt. Mit der Industrialisierung muß zugleich der Kampf um das Wecken des Geistes der Demokratie, der Wissenschaftlichkeit, des Humanismus und der Verantwortung des Staatsbürgers und Staatsbeamten für den Fortschritt und gegen Fatalismus, Agnostizismus und Pessimismus geführt werden, wenn Indien möglichst bald einen echt nationalen und demokratischen Weg in die Zukunft beschreiten will.[86]

Die Geschichte des alten Indien muß im Hinblick auf dieses große humanistische Ziel getrieben werden, sie muß in dieser Hinsicht mit der Geschichte des feudalen und des modernen Indien eine Einheit bilden. Sie muß den historischen Materialismus auf alle Gebiete Indiens immer besser anwenden lernen und ständig mit den Fachleuten der ebenso komplexen Geschichte anderer Länder Asiens, Afrikas und Lateinamerikas, aber auch Europas, speziell Griechenland-Roms, zusammenarbeiten, um die allgemeinen Gesetzmäßigkeiten, aber auch die besonderen jedes dieser Länder — auch der europäischen und nordamerikanischen — herauszuarbeiten, um allmählich zu einer echten Weltgeschichte zu kommen, die uns hilft, all diesen Ländern gegenüber wahrhaft sozialistisch und internationalistisch und damit politisch richtig zu handeln. Die gewaltige Aufgabe einer Weltgeschichte erfordert das gut organisierte Hand-in-Hand-Arbeiten zahlloser Historiker in verschiedenen Instituten; dies wäre eine würdige Aufgabe einer Akademie wie der unseren als Mittelpunkt und Organisator aller Historiker, die zur Mitarbeit gewonnen werden können. Dabei werden sich die Begriffe und Methoden des historischen Materialismus sowohl wie die des Vergleichens ständig verfeinern, die Geschichte wird als immer komplizierter erkannt werden und damit auch richtiger, wir werden uns der niemals ganz zu erreichenden absoluten Wahrheit der an sich unendlichen Geschichte der Menschheit immer mehr nähern, die Subjektivität wird Schritt für Schritt der Objektivität weichen. Mit dem historischen Materialismus tritt die Geschichtsforschung aus ihrer Vorgeschichte in den letzten Jahrhunderten — wenn wir hier einmal von Herodot absehen — erst in ihr eigentliches Leben als Gesetzmäßigkeit und Kausalität erfassende Wissenschaft ein. Heute, gut ein Jahrhundert nach der Begründung des historischen Materialismus, müssen wir uns erneut über den Charakter der Gesetzmäßigkeit der Geschichte klar werden, um zur weiteren Entwicklung der Geschichtswissenschaft, ja des Sozialismus beizutragen. In diesem Sinne möchte ich dieses Thema zur Diskussion stellen.

Anhang über vergleichende Religions-, Philosophie- und Literaturgeschichte

Das Vergleichen ist auf Indien schon von den Griechen unmittelbar nach Alexanders Indienzug angewendet worden, u. a. auf die Religion: Megasthenes setzte um 300 v. u. Z. die indischen Götter Viṣṇu und Śiva den griechischen Göttern Herakles und Dionysos gleich[87], nicht, um als Historiker Indien den Griechen verständlich zu machen, sondern als griechischer Theologe, der sozusagen seine angestammte Religion im fernen Indien wiedertreffen und damit ihre Größe verherrlichen wollte. Ähnlich und doch wieder anders erging es einigen christlichen Missionaren. Im Zeitalter der Aufklärung begeisterte sich der Missionar Ziegenbalg, der von A. H. Francke und der Hallischen Aufklärung herstammte, schon 1711 für den Monotheismus und das tugendsame Leben der Inder, ausgehend von seinem Christentum.[88] Herder gewann aus Hallischen Missionsberichten 1785 die ihn beglückende Vorstellung von der Größe altindischen Gottesglaubens, der freilich im Laufe der Zeiten mit viel Aberglauben überhäuft worden sei.[89] Diese kosmopolitische, aber nicht geschichtswissenschaftliche, sondern theologisch konzipierte Vorstellung findet man ähnlich bei dem englischen Aufklärer Holwell 1764 und von 1820 an bei dem bengalischen Aufklärer R. M. Roy.[90] Gegen diese Denkweise verwahrte sich 1808 der romantische, zum Katholizismus konvertierte F. Schlegel in seinem Buch „Über die Sprache und Weisheit der Indier": In dem indischen Aberglauben gäbe es keine Offenbarung, die als Vorstufe der Offenbarung Mosis gelten könnte.[91] Ähnlich lehrte 1901 das Mitglied unserer Akademie, A. v. Harnack: Die

Veden Indiens bedeuteten nichts neben der Bibel.[92] Aber der liberale protestantische Theologe R. Otto glaubte wiederum im Sinne der Aufklärung an ein allgemeines „menschlich-vernünftiges Geistesleben" (1917) auch auf dem Gebiet der Religion[93]; er wollte als Kosmopolit zu einer geistigen Auseinandersetzung der großen Religionen beitragen[94] und verglich 1929 eingehend europäische und indische Mystik des Feudalismus, um das allgemeine Wesen der Mystik als Theologe zu erfassen. Als buddhistischer Theologe schuf D. T. Suzuki 1957 dazu ein japanisches Gegenstück[95]. 1965 aber verglich der katholische Theologe K. Klostermaier Christentum und heutigen Hinduismus[96] und schuf ein auch für Historiker eindrucksvolles und dem Verständnis beider Religionen dienendes, dabei aber parteilich-christliches Dokument der geistigen Begegnung von Ost und West. Es ist eine Art katholisches Gegenstück zu einem hinduistischen Werk wie S. Radhakrishnans Gegenüberstellung indischer Religion und europäischen, überwiegend wissenschaftlichen Denkens, aber auch des Christentums, ein Buch, das mit tiefem Humanismus aus kosmopolitischem Idealismus geschrieben wurde.[97] — Andererseits lebte der romantische Religionsvergleich u. a. in der Richtung weiter, daß er den Mythos als das Wahre schlechthin verherrlichte. Dies tat eine Frankfurter Gruppe: W. F. Otto mit den Göttern Griechenlands und sein Schüler K. Kerényi[98], Ottos Freund L. Frobenius mit seiner Lehre von der Ergriffenheit und Anwendung[99] und auch der Indologe H. Lommel, der 1935 bei dem alt-arischen Kriegergotte Indra von einer Grundoffenbarung sprach; dieser Gott und sein Sieg über Dämonen seien Wirklichkeit, erklärte er 1939 in der Zeit nazistischen Arierkults, dieser Mißgeburt verspäteter Romantik.[100] Zu dieser Gruppe ist auch der geistvolle H. Zimmer (Heidelberg) zu stellen, der wie Kerényi[101] zum Kreis von C. G. Jung (Zürich) gehörte, in Riten, Visionen, Sitten und Begriffen Symbole, Spiegelungen der transzendenten Wirklichkeit sah und als Antirationalist und Antikommunist schrieb, damit wir „ein Stück von uns selbst finden und wiedergewinnen".[102] — So weit auch diese großenteils sehr berühmten Religionsvergleicher in ihrer Weltanschauung auseinandergehen, ihr geradezu enthusiastisches Interesse gilt der Religion und der Theologie, nicht der Geschichte der Religionen.

Auf die Anregung der historischen vergleichenden Sprachwissenschaft hin ist in der 2. Hälfte des 19. Jh. von M. Müller, dem in England lebenden deutschen Indologen, die neue Richtung der „vergleichenden Religionswissenschaft" begründet worden[103], und zwar wendete er das Vergleichen auf alte Religionen und Mythologien nicht mit theologischen, sondern mit historischen Interessen an. Eine indoeuropäische Urreligion hat sich zwar damit bisher ebensowenig wie eine indoeuropäische Ursprache rekonstruieren lassen, wohl aber zeigten sich gewisse Gemeinsamkeiten mythologischer Vorstellungen nicht in allen, sondern nur in diesen oder jenen indoeuropäischen Gesellschaften, die manche als Reste einer indoeuropäischen Urreligion auffassen möchten. Dabei sind aber zugleich ähnlich wie auf dem Gebiet der Sprache charakteristische Unterschiede erkennbar. Man stellte auch mit hoher Abstraktion fest, daß dem späteren monotheistischen Gott der indischen und anderer Religionen eine Vielzahl ethischer Götter und diesen wiederum Naturgötter voranzugehen pflegten, und dies nicht nur bei Indoeuropäern, sondern auch bei anderen Völkern. Aber von Gesetzmäßigkeiten der religiösen Entwicklung und Kausalität ist bislang nicht die Rede, soweit nicht historische Materialisten in großer Linie eine Stufe der Magie der Gentilgesellschaft einer Stufe der Religion der Klassengesellschaft[104] und einer Stufe des Absterbens der Religion im Kommunismus gegenübergestellt haben.

Die eine der beiden Hauptrichtungen der Philosophie, der Idealismus, ist der Religion verwandt, und auch an der vergleichenden Philosophiebetrachtung haben sich Indologen mehrfach beteiligt. Ihr Interesse war zunächst[105] ein apologetisches, ähnlich wie in dem theologisierenden Religionsvergleich. So meinte um die Jahrhundertwende P. Deussen (Kiel), seinen eigenen Idealismus in dem indischen Vedānta sowohl wie in Platons und Kants Idealismus wiederfinden und ihn damit als die richtige Philosophie erweisen zu können.[106] In ähnlicher idealistischer Gesinnung sah Th. Stscherbatskoj (Leningrad) die buddhistische Erkenntnistheorie des Dharmakīrti durch Kant und andere Agnostiker bestätigt[107], die brahmanische Morallehre des Kumārila aber durch Kants kategorischen Imperativ.[108] H. v. Glasenapp sah Śankaras Vedānta durch die von ihm selber vertretene Vaihingersche Philosophie des Als-Ob bestätigt.[109] Auch M. Oursel meinte, durch seine „Philosophie comparée“ die richtige Philosophie herausfinden zu können. Dieser apologetischen Richtung ist wie auf dem Gebiet der Religion die materialistisch-historische entgegenzustellen, die etwa nachweist, daß die indische ebenso wie die griechische Philosophie erst in der Klassengesellschaft zugleich mit Staat, Recht, Wissenschaft und Religion beginnt, und zwar mit einem primitiven, hylozoistischen Materialismus, dem ein Idealismus antwortet[110]; daß weiter die naturphilosophische Diskussion des Gegensatzes von Sein und Werden in beiden Philosophien mit analogen Schritten ablief.[111] Aus solchen ersten Schritten läßt sich, zumal wenn man auch die chinesische Philosophie einbezieht und wie bei der Religion von der Entwicklung der Basis ausgeht, eine allgemeine Geschichte der alten Philosophie mit ihrer objektiven Gesetzmäßigkeit aufbauen. Für die Philosophie des Feudalismus liegen bereits vergleichende Betrachtungen vor[112], und auch die moderne Philosophie eines indischen utopischen Sozialisten (Vivekānanda) und eines bürgerlichen Demokraten (B. G. Tilak) ist durch Vergleich mit europäischen Philosophen verständlich geworden.[113]

In der vergleichenden Literaturbetrachtung ging man in Anlehnung an die Ethnologie zunächst von Volksliteratur aus, einerseits von Märchen[114], andererseits von Epen. Dabei spielten indische Märchen eine bedeutende Rolle[115], sei es, daß man Urtypen zahlloser Märchen festlegte und deren Entwicklung verfolgte, sei es, daß man indische Epen als Dokumente eines indischen epischen Zeitalters analog antiken, germanischen, slawischen und sonstigen Epen behandelte.[116] Ein solches episches Zeitalter ist eine Illusion. Aber die gesellschaftliche Basis für die gesetzmäßige Entwicklung von Epen insbesondere Innerasiens unter Vergleich mit anderen Gegenden im Sinne des historischen Materialismus aufzufinden hat in den letzten Jahren unser korrespondierendes Mitglied V. Schirmunski (Leningrad) mit durchschlagendem Erfolg unternommen.[117] – Eine analoge Vergleichsmethode ist aber auch für die schöne Literatur der letzten Zeit auf einem Teilgebiet bereits angewendet worden, und zwar bei der Behandlung moderner indischer Romane.[118] Bei Anwendung des historischen Materialismus kann man nämlich indische Romane als Analoga europäischer und anderer außerindischer auffassen, wenn man zeigen kann, daß sie ideologische Dokumente entsprechender Klassenkämpfe sind. – Insbesondere seit der Kapitalismus im 19. Jh. mit seinem Siegeszug um die Welt alle Kulturen zu einer Weltkultur zu vereinigen begann, gibt es eine Weltliteratur aller aufs engste miteinander verquickten modernen nationalen Literaturen. Aber auch schon vorher, als einige Gesellschaften der verschiedenen Kontinente noch nicht voneinander historisch abhängig waren, existierte eine andere Art Weltliteratur, in der alle Einzelliteraturen ihren Platz finden konnten. Wenn z. B. in Indien sowohl wie in unserer Antike zu verschiedenen Zeiten Epen, Dramen, Lyrik und schließlich kurze und umfangreiche Prosaerzählungen (sogenannte Romane) entstanden, so sollte der Historiker sich über diese Tatsache wundern und sie historisch zu erklären versuchen, und zwar vergleichend und damit Gesetzmäßigkeiten suchend.[119] Mit der Ausweitung des Vergleichs auf andere Kontinente wird sich allmählich diese zweite, aber in Wirklichkeit ältere Art Weltliteratur in ihrer Entwicklung beschreiben lassen.

Anmerkungen

1 Eine ausführliche Geschichte von Staat und Recht im alten Indien im Vergleich mit Griechenland-Rom erscheint im zweiten der fünf Bände „Die gesellschaftliche Entwicklung im alten Indien“ ab 1967 in den „Veröffentlichungen des Instituts für Orientforschung“ der Deutschen Akademie der Wissenschaften zu Berlin.

2 Biologen unterscheiden zwischen analogen (ähnlichen) und homologen (kausal ähnlichen) Erscheinungen; s. u. Anm. 117.

3 Grundlagen des Marxismus-Leninismus, Berlin 1963, 183 f.

4 Platon, Theaetet 155 D und Aristoteles, Metaphysik I 2; diese und die folgenden Angaben verdanke ich Herrn Dr. Praschek im Institut für deutsche Sprache und Literatur der DAW.

5 Goethe, Zur Farbenlehre, Historischer Teil, Weimarer Ausgabe II 3, 114: „So entzückt uns denn auch in diesem Fall, wie in den übrigen, am Platon die heilige Scheu, womit er sich der Natur nähert ... jenes Erstaunen, das, wie er selber sagt, den Philosophen so gut kleidet.“ — Goethe nannte den einen Tölpel, der sich nicht verwundern kann (Goethes Gespräche, Zürich-Stuttgart 1965, 916 f.). Er sah in Erstaunen und Bewunderung den Zugang zur antiken Kunst (Zu brüderlichem Gedenken Wielands, Weimarer Ausgabe I 36, 328). Nach Eckermann war für Goethe Erstaunen das Höchste, wozu ein Mensch gelangen kann (J. P. Eckermann, Gespräche mit Goethe, Leipzig 1948, 253). In diesem Sinne sagte Goethe im Faust: Das Schaudern ist der Menschheit bestes Teil (Faust II V. 6271/72).

6 Ders., Maximen und Reflexionen, Schriften der Goethe-Gesellschaft 21, 82.

7 Vgl. F. Engels (Feuerbach (1888)), in: Marx-Engels Werke 21, 276.

8 Grundlagen der marxistischen Philosophie, Berlin 1965, 350 ff.

9 S. den Brief von F. Engels an Bloch (1890), in: Marx-Engels, Ausgewählte Briefe, Berlin 1953, 503. Vgl. Grundlagen der marxistischen Philosophie, 351 über Lenin, der die Entwicklung der ökonomischen Formationen einen naturgeschichtlichen Prozeß genannt hat, und 352: Marx sprach vom Naturgesetz der Bewegung der Gesellschaft.

10 F. Engels, Dialektik der Natur (1875/76), in: Marx-Engels Werke 20, 316.

11 Ebenda, 319 f.

12 F. Engels, Feuerbach, in: Marx-Engels Werke 21, 267.

13 F. Engels, Dialektik der Natur, a. a. O. 313 f.

14 F. Engels, Feuerbach, a. a. O. 296 f.; vgl. H. Scheler, Das Problem der Gesetzmäßigkeit in der gesellschaftlichen Entwicklung, Wiss. Zschr. d. Humboldt-Universität zu Berlin, Gesellschafts- und Sprachwiss. Reihe XIII 7 (1964), 827 ff., bes. 829.

15 Vgl. F. Engels (1892) in: Marx-Engels Werke 22, 301: Es scheint dies ein Entwicklungsgesetz der bürgerlichen Gesellschaft zu sein; ähnlich Marx-Engels Werke 22, 307; 310: Tradition ist die Trägheitskraft der Gesellschaft.

16 Vgl. F. Engels, Bauernkrieg (1870), in: Marx-Engels Werke 20, 394 ff.: Parallele von 1525 und 1848.

17 Marx-Engels Werke 9, 221.

18 Vgl. den Aufsatz von W. Ruben „Arische Hirten und vorarische Bauern im alten Indien", der 1968 innerhalb des Sammelbandes „Das Verhältnis von Bodenbauern und Viehzüchtern in historischer Sicht", hrsg. v. I. Sellnow, in den „Veröffentlichungen des Instituts für Orientforschung" der DAW erscheinen wird.

19 W. Ruben und K. Fischer, Der Maurya- und der Mogul-Staat, Berlin 1965.

20 W. Ruben, Von Buddha bis Gandhi, Forschen und Wirken III, Berlin 1960, 327–334.

21 Auch Lautgesetze gelten oft nur für eine gewisse Zeit.

22 Vgl. W. Ruben, Über die frühesten Stufen der Entwicklung der altindischen Śūdras, Berlin 1965.

23 Vgl. F. Engels, Antidühring (1877/78), in: Marx-Engels Werke 20, 83: Es gibt in der Geschichtswissenschaft „endgültige Wahrheiten letzter Instanz ... wenig, es sei denn Plattheiten ..., z. B. daß die Menschen im allgemeinen ohne Arbeit nicht leben können"; und 137: „... die wenigen, für Produktion und Austausch geltenden, ganz allgemeinen Gesetze"; Grundlagen der marxistischen Philosophie, 353: einige der allgemeinsten sozialen Gesetze.

24 F. Engels, Antidühring, 83.

25 Manche nennen die Methode des Vergleichens ein heuristisches Prinzip.

26 E. Windisch, Geschichte der Sanskrit-Philologie, Straßburg 1917, 67 ff. – F. Engels nannte Bopp, Grimm und Diez als Vertreter der „modernen historischen Grammatik", Antidühring, in: Marx-Engels Werke 20, 299.

27 F. Engels, ebenda, 81 ff.

28 Über vergleichende Religions-, Philosophie- und Literaturwissenschaft s. o. den Anhang.

29 Vgl. J. Kohler und E. Ziebarth, Das Stadtrecht von Gortyn, Göttingen 1912, 60, 64, 67 und 88.

30 L. Sternbach, Juridical Studies in Ancient Indian Law I, Delhi-Varanasi-Patna 1965.

31 F. Engels, Die Entwicklung des Sozialismus von der Utopie zur Wissenschaft (1892), in: Marx-Engels Werke 22, 304.

32 M. Plessner, Die Bedeutung der Wissenschaftsgeschichte für das Verständnis der geistigen Welt des Islam, Tübingen 1966, 9.

33 Dieser Begriff findet sich im Brief von F. Engels an C. Schmidt (1890), in: Marx-Engels, Ausgewählte Briefe, 508.

34 So verglich U. N. Ghoshal, A History of Indian Political Ideas, Oxford University Press, Bombay 1959, 531 f. und 535 ff. indisches und europäisches feudales Recht und B. Breloer, Altindisches Privatrecht bei Megasthenes und Kauṭalya, Bonn 1928, indisches und griechisches Recht historisch. S. o. Anm. 1.

35 J. F. Kleuker (Holwells merkwürdige historische Nachrichten von Hindostan und Bengalen, Leipzig 1778, 601) verglich die Kasten in Indien, Ägypten und Persien auf Grund von Strabo. P. v. Bohlen (Das alte Indien mit besonderer Rücksicht auf Ägypten, Königsberg 1830) hat den Vergleich systematisch, soweit damals möglich, durchgeführt, und zwar gegen die Historiker, die die Weisheit des alten Indien von den Ägyptern herleiteten; er nahm eine Wechselwirkung an. Er stellte die „comparative Archäologie" neben die vergleichende Sprachforschung und die vergleichende Anatomie (I, 4). Von 1927 an hat B. Breloer den Ptolemäerstaat neben den der Mauryas gestellt (Das Grundeigentum in Indien, Bonn 1927, 108 ff.), aber allzusehr ägyptische Institutionen auf Indien übertragen. Er verwendete griechische Stellen über das angebliche allgemeine Bodeneigentum des indischen Königs, die schon v. Bohlen (II, 44) herangezogen hatte.

J. F. Kleuker hat weiter die alten Inder und Griechen verglichen, u. a. für die Frage des Nebeneinanders von Staatsformen, insbesondere der Republiken; ihm folgten Fick, T. W. Rhys-Davids, K. P. Jayaswal und andere (vgl. W. Ruben, Some Problems of the Ancient Indian Republics, Ashraf-Gedenkband, Berlin 1966). — K. P. Jayaswal verglich auch als erster die Śūdras und Heloten (Ruben, Über die frühesten Stufen der Entwicklung der altindischen Śūdras, 23), ihm folgte u. a. L. de La Vallée Poussin, Indoeuropéens et Indoiraniens, L'Inde jusque vers 300 av. J.-C., Paris 1936, 185. — W. Rau (Staat und Gesellschaft im alten Indien, Wiesbaden 1957) hat im allgemeinen den Staat der 2. Periode feudalistisch gedeutet, aber gleichzeitig, und dies mit Recht, den vedischen sūta dem homerischen kēryx und den bhāgadugha dem daitos verglichen. — P. Thieme (Der Fremdling, Leipzig 1938) hat in ausgezeichneter Weise vedisches und homerisches Gastrecht verglichen.

Zum Vergleich von Indern und Germanen s. u. Anm. 57 ff., zu den Inder-Israeliten s. W. Ruben, Bibel und Purāna, in: Studies in Ancient Indian Thaught, Calcutta 1966, 47 ff.; H. Lüders (Eine arische Anschauung über den Vertragsbruch, Sitzungsber. d. Preuß. Akad. d. Wiss. 1917, XXVI, 347 ff., bes. 374) verglich die „Könige" der Āryas mit denen der nomadisierenden Saken oder Massageten.

36 Diese Schule entstand um die Jahrhundertwende etwa gleichzeitig mit dem Revisionismus des Marxismus und wie dieser auf neukantianischer, antimarxistischer Grundlage. Sie wandte sich, ohne den Marxismus zu nennen, gegen den Evolutionismus des 19. Jh., den sie Materialismus nannte (W. Schmidt und W. Koppers, Der Mensch aller Zeiten, Regensburg o. J. (1924), 31; I. Sellnow,

Grundprinzipien einer Periodisierung der Urgeschichte, Berlin 1961, 61), obgleich dieser eine Abart des Positivismus war (Sellnow, a. a. O. 38 f. und 58). Die Schule nahm an, daß ein Kulturkreis irgendwann, irgendwo und irgendwie da war und sich über Kontinente ausbreitete. Ihr kam es darauf an, die Existenz der Kulturkreise und ihrer Wanderwege dadurch nachzuweisen, daß eine gewisse Menge (Quantitätskriterium) seiner Elemente, die möglichst ohne organischen Zusammenhang in ihm vorkamen, sich in derselben Form (Qualitätskriterium) an verschiedenen Orten der Erde zusammen und möglichst auch in Resten dazwischen (Kontinuitätskriterium) nachweisen ließen. Wären solche Elemente organisch auseinander erwachsen, wäre der Nachweis, daß sie von einem Zentrum aus gewandert und nicht an verschiedenen Orten gemeinsam entstanden wären, nicht überzeugend. So einleuchtend das ist, wenn man nur mit der Wanderung von Kulturkreisen beschäftigt ist, so unzureichend ist es für den materialistischen Historiker, der sein Augenmerk auf das Werden der Gesellschaften richtet. Inzwischen ist die Kulturkreislehre überholt (Sellnow, a. a. O. 63). Wichtige Vorträge des Symposiums „Historische Ethnologie — heute" sind in den Mitteilungen zur Kulturkunde I, Wiesbaden 1966, 9 ff. abgedruckt. Gerade die zehnjährige Beschäftigung eines ihrer Begründer, W. Koppers (Die Bhil in Zentralindien, Horn-Wien 1948), mit Indien hat uns gezeigt, daß sie sich auf Indien nicht anwenden läßt; mir ist dies bei der Betrachtung der vorspanischen Gesellschaften der Anden besonders deutlich geworden (W. Ruben, Tiahuanaco, Atacama und Araukaner, Leipzig 1952, 2 ff.).

37 Vgl. Grundlagen der marxistischen Philosophie, 364.

38 K. Marx, Formen, die der kapitalistischen Produktion vorausgehen, Berlin 1952.

39 F. Engels, Der Ursprung der Familie, des Privateigentums und des Staats, in: Marx-Engels Werke 21, 25 ff.

40 Vgl. die Weltgeschichte in zehn Bänden (aus dem Russischen), Hauptredaktion I. M. Shukow, I (Berlin 1962): allgemeine Merkmale der Sklavenhalterstaaten im 4.–3. Jahrtausend (163 ff.), im 2. Jahrtausend (307 ff.), im 1. Jahrtausend v. u. Z. (543 ff.). In den späteren Perioden ist dieses Vergleichen nicht fortgeführt worden. — Weltgeschichte in Daten, Berlin 1965, 159 ff.: Die Epoche der Sklavenhalterordnung (dabei wird die „asiatische" Produktionsweise mit patriarchalischer Sklavenhaltergesellschaft gleichgesetzt).

41 Die Komparatisten in der Literaturgeschichte kritisiert W. Krauss, Zur Dichtungsgeschichte der romanischen Völker, Leipzig 1965, 100 ff., bes. 102 ff.

42 Zu diesem Grundsatz vgl. Lenin, Die Aufgabe der Jugendverbände, in: Werke 21, 272 ff., bes. 276.

43 S. u. Anm. 117.

44 Weltgeschichte in Daten, 43 ff.

45 Vgl. S. 25 und Anm. 88.

46 Code des Loix des Gentoux, Paris 1778, S. X. Vgl. die oben Anm. 1 angeführte Arbeit über Staat und Recht.

47 Windisch, Geschichte der Sanskrit-Philologie, 22 ff.
48 Georg Forsters Werke VII, bearb. v. G. Steiner, Berlin 1963, 277 ff.: Sakontala.
49 W. Ruben, Kālidāsa, Berlin 1956, 11.
50 Ders., Die Philosophen der Upanishaden, Bern 1947, 12.
51 Ders., Indische Romane I, Berlin 1964, 30 ff.; über Holwell vgl. S. 25; s. auch F. Engels, in: Marx-Engels Werke 7, 344 (Bauernkrieg (1850)): „Der Form nach reaktionär, wie jede Ketzerei ... fordert die bürgerliche Ketzerei Herstellung der urchristlichen einfachen Kirchenverfassung ..." Auch dies scheint eine Gesetzmäßigkeit zu sein.
52 J. Mill, The History of British India II, London 1820[2], 48.
53 C. H. Philips, Historians of India, Pakistan and Ceylon, London 1961, 7 f. und 220 f.
54 Windisch, Geschichte der Sanskrit-Philologie, 170: 1829.
55 M. Müller, Indien in seiner weltgeschichtlichen Bedeutung, Leipzig 1884, 73 f.
56 G. Knepler, Musikgeschichte des 19. Jahrhunderts I, Berlin 1961, 498 ff.
57 Müller, Indien in seiner weltgeschichtlichen Bedeutung, 97: Die ṛgvedischen Āryas als Indogermanen besonders aktiver Abart seien ähnlich u. a. den Germanen, später sei bei ihnen die passive, meditative Seite des Indogermanen zu voller Entwicklung gelangt (76). — Schon Marx verglich Inder und Germanen in seiner Schrift „Formen, die der kapitalistischen Produktion vorausgehen"; vgl. Marx, in: F. Engels, Zur Geschichte und Sprache der deutschen Frühzeit, Berlin 1952, 177 und 181; Marx-Engels Werke 9, 225: Indien „... dessen edler Menschschlag ... im Dschat den Typus des alten Germanen und im Brahmanen den des alten Griechen verkörpert". Marx meinte im Gegensatz zu M. Müller nicht den Germanenkrieger, sondern den Bauern.
58 Vgl. M. Müllers Vorwort zu H. Zimmers „Altindisches Leben" (1879).
59 Vedic Index of Names and Subjects, London 1912, I, 203; II, 210: Keith in: The Cambridge History of India I. Ancient India, Cambridge 1922, 96, 128 f. und 131 über Lehen und Feudalherren in der vedischen Gesellschaft.
60 Ruben, Indische Romane I, 49 ff.
61 Ebenda, 51, 87 und 102 f.
62 H. v. Glasenapp, Das Indienbild deutscher Denker, Stuttgart 1960, 70 ff.
63 Ebenda, 187 ff. und 203 ff.
64 Ders., Die Religionen Indiens, Stuttgart 1943, 361.
65 Ruben, Indische Romane I, 200.
66 Vgl. Karl Fischer, in: Rabindranath Tagore 1861—1941, Berlin 1961, 27.
67 W. Ruben, Einführung in die Indienkunde, Berlin 1954, 18.
68 Grundlagen der marxistischen Philosophie, 362 f.
69 W. Ruben, Karl Marx über Indien (1853) und die Indienliteratur vor ihm, Wiss. Zschr. d. Humboldt-Universität zu Berlin, Gesellschafts- und sprachwiss. Reihe III 2 (1953/54), 69 ff.
70 Ebenda, 97; R. Palme Dutt, Indien heute, Berlin 1951, 102 und 107. Daß die „asiatische" Produktionsweise nicht nur vor der antiken lebte, war auch die

Meinung Lenins, wenn er sie noch im 17. Jh. u. Z. für Rußland annahm (Lenin Werke 10, Berlin 1959, 332).

71 W. Ruben, Die Entwicklung der Produktionsverhältnisse im alten Indien, Berlin 1967, Einleitung.

72 Vgl. L. Alsdorf, OLZ 61 (1966), 82.

73 A. L. Basham, The Wonder that was India, London 1954, 144 ff. Er faßt demgemäß die umstrittene Definition des Śūdra, daß er nach Belieben zu töten war, als satirisch (vgl. Ruben, Über die frühesten Stufen der Entwicklung der altindischen Śūdras, 15 Anm. 52). Der altindische Staat wird als „quasi feudal" aufgefaßt, er bleibt ohne klare Definition (93 ff.). Die Aristokratien nennt Basham ohne Unterscheidung Oligarchien, Republiken und freie Stämme (96 ff.).

74 Gegen die angebliche Toleranz des Hinduismus wettert u. a. K. Klostermaier, Hinduismus, Köln 1965, 44 ff.

75 M. Robbe, Philosophische Probleme der Religionswissenschaft, Deutsche Zeitschrift f. Philosophie II (1954), 1379.

76 M. Weber, Hinduismus und Buddhismus (Die Wirtschaftsethik der Weltreligionen), Tübingen 1921.

77 A. Geiger, Die indoarische Gesellschaftsordnung, Tübingen 1935.

78 K. P. Jayaswal, Hindu Polity, 1. Aufl. 1924, Nachdruck der 3. Aufl. Bangalore 1955.

79 Tarkasamgraha of Annambhatta, ed. Y. V. Athalye with Introduction by M. R. Bodas, Bombay 1918².

80 P. V. Kane, History of Dharmaśāstra, 5 Bände, Poona 1930–1962.

81 General editor R. C. Majumdar, Bombay 1951 ff.

82 S. A. Dange, India from primitive Communism to Slavery, New Delhi 1955³.

83 D. D. Kosambi, An introduction to the Study of Indian History, Bombay 1956; vgl. dazu W. Ruben, Bemerkungen zu einer Einführung in das Studium der indischen Geschichte, MIO 1967, 398 ff.; Kosambi hat seine Arbeiten mit der Untersuchung „The Culture and Civilisation of Ancient India in Historical Outline", London 1965, fortgesetzt.

84 D. Chattopadhyaya, Lokāyata, New Delhi 1959; Indian Philosophy, New Delhi 1964.

85 R. S. Sharma, Śūdras in Ancient India, Delhi-Varanasi-Patna 1958 (vgl. W. Ruben, OLZ 1962, 623 ff.). – Indian Feudalism: c. 300–1200, Calcutta 1965 (vgl. W. Ruben, MIO 1966, 496 ff.).

86 Vgl. A. Iskenderow, Über die sozialistischen Strömungen in den jungen Nationalstaaten, in: Aus der internationalen Arbeiterbewegung 11 (1966), 20 ff.

87 W. Ruben, Krishna, Istanbul 1943, 278 ff.

88 Glasenapp, Das Indienbild deutscher Denker, 167 ff.

89 Ebenda, 16 ff.

90 Ruben, Indische Romane I, 24.

91 F. Schlegel, Über die Sprache und Weisheit der Indier, Heidelberg 1808, 196 f.; vgl. Glasenapp, a. a. O. 28 f.
92 Glasenapp, a. a. O. 164.
93 Ebenda, 170.
94 R. Otto, West-östliche Mystik, Gotha 1929.
95 D. T. Suzuki, Der westliche und östliche Weg, Frankfurt a. M. 1957.
96 S. o. Anm. 74.
97 S. Radhakrishnan, Die Gemeinschaft des Geistes, Darmstadt und Genf o. J. (1952). Vgl. J. G. Arapura, Radhakrishnan and integral Experience, Bombay 1966: Radhakrishnan sucht eine Synthese zwischen Ost und West. Seit Tagores Sadhana gibt es eine riesige Literatur dieser Art.
98 Robbe, Philosophische Probleme der Religionswissenschaft, 1377 f.
99 L. Frobenius, Kulturgeschichte Afrikas, Zürich 1933, 24 ff.
100 H. Lommel, Die alten Arier, Frankfurt a. M. 1935, 153; Der arische Kriegsgott, Frankfurt a. M. 1939, 13 und 30.
101 Robbe, Philosophische Probleme der Religionswissenschaft, 1378.
102 H. Zimmer, Philosophie und Religion Indiens, Zürich 1961, 28; vgl. W. Ruben, OLZ 1962, 17.
103 Robbe, Philosophische Probleme der Religionswissenschaft, 1374 Anm. 1: im Jahre 1867.
104 Ebenda, 1388. Mit Klassen entstehen Staat, Recht, Religion, Wissenschaft, Philosophie und schöne Literatur.
105 Schon A. Roger (La porte ouverte pour parvenir à la connoissance du paganisme caché, Amsterdam 1670, 23 f.) verglich Schaerwaeka und Epikureer. — Zum folgenden s. W. Ruben über Philosophievergleichung, OLZ 1931, 96 ff.
106 P. Deussen, Allgemeine Geschichte der Philosophie I, 1, 5^4 1920; vgl. W. Ruben, Geschichte der indischen Philosophie, Berlin 1954, 12 f.
107 Th. Stscherbatskoj, Buddhist Logic II, Leningrad 1932, 536 ff.; vgl. W. Ruben, OLZ 1934, 330 ff.
108 S. die Festschrift Jacobi, Bonn 1926, 369 ff.
109 Ruben, Geschichte der indischen Philosophie, 34.
110 Ebenda, 81 ff.
111 W. Ruben, Indische und griechische Metaphysik ZII VIII, 147 ff.
112 S. o. Anm. 94 f.
113 H. Rüstau, Die philosophischen Anschauungen Swami Vivekanandas und Lokamanya Bal Gangadhar Tilaks, Diss. Berlin 1966 (unveröffentlicht).
114 Th. Benfey, Patschatantra, Leipzig 1859; vgl. W. Ruben, Das Pañcatantra und seine Morallehre, Berlin 1959, 6 f. — Dem Vergleich dienten die Veröffentlichungen der Folklore Fellow Communications; vgl. St. Thompson, The Folktale, New York 1946.
115 Dabei leugnete A. Wesselski, Versuch einer Theorie des Märchens, Reichenberg i. B. 1931, daß es in Indien Märchen gäbe.
116 N. K. Siddhanta, The Heroic Age of India, London 1929, nach H. M. Chadwick.

117 V. Schirmunski, Vergleichende Epenforschung, Berlin 1961. Er nennt diese Art Vergleich historisch-typologisch und unterscheidet sie von der einfachen Gegenüberstellung literarischer Erscheinungen, von dem historisch-genetischen Vergleich, der Übereinstimmung auf genetische Verwandtschaft der betreffenden Literaturen zurückführt, und vom Feststellen kultureller Wechselbeziehungen (7 f.). S. o. S. 18. Über Schirmunskis Leistung vgl. W. Krauss, Zur Dichtungsgeschichte der romanischen Völker, 108 ff.

118 Ruben, Indische Romane I, 5 ff. über methodische Fragen des Vergleichens.

119 Mit dieser Absicht vergleiche ich in meinem Vortrag auf der Konferenz über klassische und heutige orientalische Literatur im Oktober 1966 in Moskau die altindische Epik mit der griechischen.

Die ökonomische und soziale Entwicklung Indiens

Sowjetische Beiträge zur indischen Geschichte

Herausgegeben von Prof. Dr. WALTER RUBEN

Übersetzung aus dem Russischen
von ULRICH KUHNKE und HELMUT RAHN

Band I

1959. X, 308 Seiten – gr. 8° – Leinen M 22,–

Band II

1961. V, 240 Seiten – 1 Landkarte – gr. 8° – Leinen M 19,50

Die Autoren des Werkes untersuchen das sozialökonomische Entwicklungsniveau und die Voraussetzungen für die Entstehung der kapitalistischen Produktionsverhältnisse in einigen Gebieten Indiens vor Beginn der Kolonialherrschaft. Sie geben Einblick in die englische Bodensteuerpolitik in den zuletzt eroberten Territorien in der Mitte des 19. Jh. und behandeln schließlich die Lage der Plantagenarbeiter und der niedrigsten sozialen Schicht der indischen Gesellschaft, der Unberührbaren, aus denen ein bedeutender Teil der ständigen und häufig auch nur zeitweilig beschäftigten Landarbeiter besteht. Anhand von reichem Quellenmaterial stellen die Verfasser dar, wie sich unter den Bedingungen der Kolonialherrschaft die auf dem Lande herrschenden feudalen Überreste mit den aufkommenden kapitalistischen Verhältnissen verflochten, wodurch die Situation der werktätigen Massen stark verschlechtert und die gesellschaftlichen Widersprüche außerordentlich zugespitzt wurden.

Bestellungen durch eine Buchhandlung erbeten

THEORIA CUM PRAXI

AKADEMIE-VERLAG · BERLIN

Sozialökonomische Verhältnisse im Alten Orient und im Klassischen Altertum

(Tagung der Sektion Alte Geschichte der Deutschen Historiker-Gesellschaft vom 12. bis 17. 10. 1959 in Altenburg)

Herausgegeben von Hans-Joachim Diesner, Rigobert Günther und Gerhard Schrot

1961. XI, 354 Seiten – gr. 8⁰ – Leinen M 38,50

Der Band enthält das Protokoll der 1. Tagung der Sektion Alte Geschichte der Deutschen Historiker-Gesellschaft in Altenburg, Bez. Leipzig, vom 13. bis 17. 10. 1959.
Altertumswissenschaftler aus beiden deutschen Staaten sowie aus sozialistischen und kapitalistischen Ländern Europas berichten aus ihren speziellen Forschungsbereichen. Sie behandeln nicht nur technisch-ökonomische Probleme der antiken Sklavenhaltergesellschaft, sondern untersuchen auch ihre Einwirkungen auf die sozialen, kulturellen und ideologischen Verhältnisse. Dabei wird auf die einheitliche Entwicklung im Vorderen Orient, im antiken Griechenland, in den hellenistischen Staaten und im alten Rom hingewiesen. Das Buch wendet sich an Fachwissenschaftler und Studenten der Altertumswissenschaft, wie auch an alle am Fachgebiet Interessierten. Es gibt Auskunft über die Fortschritte der althistorischen Forschung in der DDR und über fruchtbare Zusammenarbeit mit den Fachkollegen in beiden Weltlagern.

Bestellungen durch eine Buchhandlung erbeten

AKADEMIE-VERLAG • BERLIN

FSC
www.fsc.org
MIX
Papier | Fördert gute Waldnutzung
FSC® C083411

Zeitfracht Medien GmbH
Ferdinand-Jühlke-Straße 7
99095 Erfurt, Deutschland
produktsicherheit@kolibri360.de